Ueber die Einwirkung von alkoholischem Kali
auf die
Anilide, Toluide und Naphtalide
der
α-bromsubstituirten Fettsäuren.

Inaugural-Dissertation

zur

Erlangung der Doktorwürde

der

Hohen Philosophischen Facultät

der

Universität Basel

vorgelegt

von

Arthur Tigerstedt

Ingenieur-Chemiker

aus Finland.

Springer-Verlag Berlin Heidelberg GmbH
1893

Seinem lieben Papka

in Dankbarkeit und Freundschaft

gewidmet.

ISBN 978-3-662-31821-8   ISBN 978-3-662-32647-3 (eBook)
DOI 10.1007/978-3-662-32647-3

Meinem hochverehrten Lehrer und Chef Herrn Professor Dr. C. A. Bischoff erlaube ich mir, auch an dieser Stelle, meinen innigsten Dank auszusprechen, für die freundliche Unterstützung, die er mir während meiner Arbeit zu Theil werden liess.

Die Wirkung des alkoholischen Kalis auf halogensubstituirte Fettkörper verläuft bekanntlich meist in drei Richtungen:
1. wird das Halogen durch die Gruppe OH bzw. OK,
2. durch die Aethoxygruppe OC_2H_5 ersetzt;
3. tritt in manchen Fällen das Halogen mit einem benachbarten Wasserstoffatom aus.

Der Begriff der Nachbarschaft ist heutzutage, dank den stereochemischen Forschungen, nicht mehr auf die in direkter Bindung stehenden Atome beschränkt. Auch in Bezug auf die Wirkung des alkoholischen Kalis sind schon Beobachtungen bekannt geworden, die dafür sprechen, dass in Bezug auf die „räumliche Nachbarschaft" bisweilen andere Atome in Betracht kommen, als die in der „Strukturformel" nahe erscheinenden. So hatten Abenius und Widmann[1]) gemäss der Gleichung:

$$\begin{array}{c} X-N-CO-CH_2-Cl \\ | \\ H \quad\quad\quad H \\ \quad\quad\quad | \\ Cl-CH_2-CO-N-X \end{array} + 2\,KOH$$

$$= \begin{array}{c} X-N-CO-CH_2 \\ |\quad\quad\quad\quad | \\ CH_2-CO-N-X \end{array} + 2\,KCl + 2\,H_2O$$

Diacipiperazine dargestellt. Diese Reaction deutet darauf hin, dass in einem Reactionsgemisch nicht eine chaotische Lagerung der Molekeln anzunehmen ist, son-

---
[1]) Journ. für pract. Chemie (2) 38, 296.

dern dass dieselben dem Bestreben, ihre Verwandtschaftskräfte auszugleichen, in gewissem Sinne nachkommend, in einer bestimmten gegenseitigen Lage sich befinden. Es schien nun von Interesse zu untersuchen, wie sich die Homologen der oben formulirten Verbindung verhielten. Dabei war noch der vierte Fall zu berücksichtigen, dass z. B. bei den Propionsäurederivaten der Austritt von Halogenwasserstoff im Sinne des Schemas:

$$X.N.CO.CH.CH_3 = BrH + X.N.CO.CH = CH_2$$
$$|||$$
$$HBrH$$

erfolgen konnte.

Auf Veranlassung des Herrn Professor Dr. C. A. Bischoff übernahm ich die Ausführung der im Folgenden beschriebenen Versuche, die auch noch nach zwei anderen Richtungen Aufklärung geben sollten.

Einmal nämlich waren manche α-γ-Diacipiperazine seither nicht nach den sonst üblichen Methoden erhalten worden. Ihre Darstellung sollte daher mittelst der Abenius-Widmann'schen Reaction versucht werden. Ich will gleich betonen, dass der Versuch den Erwartungen vollständig entsprochen hat.

Zweitens hatten sich bei Reactionen des α-Bromisobutyrylrestes:

$$\begin{array}{c} CH_3 \\ | \\ -CO-C-Br \\ | \\ CH_3 \end{array}$$

manche Anomalien gegenüber dem Verhalten des α-Bromnormalbutyryls ergeben, was ja bekanntlich zur Begründung der „dynamischen Hypothese" geführt hatte. Nach der letzten war zu erwarten, dass auch bei der beabsichtigten Umsetzung mit alkoholischem Kali die Reaction anders bei der Iso- als bei der Normalbuttersäure verlaufen würde und zwar konnte auf Grund der erwähnten Hypothese vorausgesagt werden, dass die Schliessung des Piperazinringes bei der Isobuttersäure auf Schwierigkeiten stossen würde. Aus den in Kap. III beschriebenen Versuchen hat sich die Richtigkeit dieser Voraussicht vollauf bestätigt.

Der von mir bearbeitete Stoff gliedert sich nach den benutzten Ausgangsmaterialien in drei Abschnitte.

I. Derivate des α-Brompropionyls.

α-Brompropionsäureanilid

$$C_6H_5 - NH - CO - \underset{\underset{CH_3}{|}}{\overset{\overset{Br}{|}}{C}H}.$$

Zur Darstellung des Anilids wurden 180 g α-Brompropionsäurebromid, gelöst in 100 cc Chloroform oder Toluol, portionenweise zu einer Lösung von 93 g Anilin in 250 cc Chloroform oder Toluol unter Wasserkühlung zugesetzt. Es entstand dabei ein weisser, krystallinischer Niederschlag. Das dabei entstandene bromwasserstoffsaure Anilin wurde durch Auswaschen mit kaltem Wasser entfernt und das Toluol im Vacuum abdestillirt (das Chloroform aus dem Wasserbade); dabei blieb eine krystallinische Substanz zurück, die mit dem im Wasser unlöslichen Theil vereinigt und aus Aether einige Mal umkrystallisirt, konstant bei 99° schmolz. Das Anilid krystallisirt aus Aether in 8 bis 15 mm langen Stäbchen; löslich ist dasselbe in Chloroform, Aether, Alkohol und Benzol; in Ligroin ist es schwer löslich. Die Ausbeute betrug 92 %.

1) 0,3664 g Subst. gab. bei t = 22° und b = 762 mm 20,4 cc Stickstoff,
2) 0,2884 g Subst. gab. bei t = 20° und b = 750 mm 15,6 cc Stickstoff,
3) 0,2002 g Subst. verbrauchten 8,7 cc $^1/_{10}$ N.-Silberlösung,
4) 0,1435 g Subst. gaben 0,2490 g CO_2 und 0,0601 g H_2O.

Berechnet für: Gefunden:

			4.	1.	2.	3.
C_9	108	47,37 %	47,32 %	—	—	—
H_{10}	10	4,38 %	4,65 %	—	—	—
N	14	6,14 %	—	6,33 %	6,10 %	—
Br	80	35,08 %	—	—	—	34,76%
O	16	7,03 %	—	—	—	—
	228	100,00 %.				

Bei dieser und bei den folgenden Brombestimmungen wurde die abgewogene Substanz in alkoholischer Lösung durch Natriumamalgam zersetzt, der Alkohol wurde dann auf dem Wasserbade verjagt; die zurückgebliebene Masse mit Wasser aufgenommen und filtrirt; die klare wässrige Lösung wurde darauf mit verdünnter Salpetersäure angesäuert und nach der Methode von Volhard titrirt.

Die Einwirkung von alkoholischem Kali auf das Anilid gab zwei isomere Piperazine: das eine vom Schmelzpunkt 183,5° und das andere vom Schmelzpunkt 172—173°. Ausserdem bildete sich noch das α-Aethoxypropionsäureanilid vom Schmelzpunkt 62—63°.

Diphenyl-α-γ-diaci-β-δ-dimethylpiperazin

$$C_6H_5N \underset{CH-CO}{\overset{CO-CH}{\diagdown\hspace{-0.5em}\diagup}} \underset{\underset{CH_3}{|}}{\overset{\overset{CH_3}{|}}{}} NC_6H_5.$$

In eine heisse Lösung von 22,8 g α-Brompropionsäureanilid in 100 cc Alkohol wurden 40 cc alkoholischen Kalis, 5,6 g Kaliumhydroxyd enthaltend, gegossen. Nach einstündigem Erwärmen auf dem Wasserbade reagirte die Flüssigkeit neutral. Der entstandene Niederschlag war Bromkalium. Die alkoholische Lösung hinterliess nach dreimonatlichem, freiwilligem Verdunsten eine gummiartige, hellbraune Masse, die durch fractionirtes Krystallisiren in die oben genannten Körper zerlegt wurde.

Diphenyl-α-γ-dimethyl-β-δ-diacipiperazine waren schon früher auf anderem Wege von O. Nastvogel[1]) erhalten worden. Während aber die Le Bel—van 't Hoff' sche Hypothese nur zwei Isomere, analog den Dimethylbernsteinsäuren, voraussehen lässt, hatte O. Nastvogel drei isomere Piperazine erhalten. Von diesen erwiesen sich zwei als identisch mit den von mir erhaltenen, was durch die Vergleichung der Präparate und ihres Verhaltens constatirt wurde. Da die hierauf bezüglichen Versuche[2]) schon beschrieben, so verzichte ich darauf, dieselben hier noch einmal zu erwähnen.

α-Brompropionsäureorthotoluid

$$\overset{1}{CH_3}.C_6H_4.\overset{2}{NH}.CO.\underset{CH_3}{\overset{Br}{\underset{|}{\overset{|}{CH}}}}$$

Die Darstellung des o-Toluids war im wesentlichen dieselbe wie die des α-Brompropionsäureanilids. Es wurden folgende Lösungen verwandt: 86,4 g α-Brompropionsäurebromid in 200 cc Chloroform und 85,6 g o-Toluidin in 200 cc Chloroform. Das Reactionsprodukt wurde aus Aether umkrystallisirt und mit wenig Ligroin gewaschen. Dasselbe stellte eine sehr leichte, aus feinen Nadeln bestehende Masse dar, die bei 130—131° schmolz. Es ist in Aether und Chloroform sehr leicht löslich; in Alkohol und Benzol löslich; in Ligroin unlöslich. Die Ausbeute betrug 85—90%.

---

[1]) Berichte der deutschen chem. Ges. XXIII, 2012.
[2]) l. c. XXV, p. 2300.

5) 0,3374 g Subst. gab. bei t=21° und b=755 mm 17,4 cc Stickstoff,
6) 0,2907 g Subst. gab. bei t=20° und b=751 mm 15,0 cc Stickstoff,
7) 0,2014 g Subst. erforderten 8,36 cc $^1/_{10}$ N.-Silberlösung.

Berechnet für:			Gefunden:		
			5.	6.	7.
C_{10}	120	49,60 %	—	—	—
H_{12}	12	4,96 %	—	—	—
N	14	5,78 %	5,83 %	5,83 %	—
Br	80	33,06 %	—	—	33,27 %
O	16	6,60 %	—	—	—
	242	100,00 %.			

Bei der Einwirkung von alkoholischem Kali auf das α-Brompropionsäureorthotoluid entstanden zwei isomere Piperazine.

Diorthotolyl-α-γ-diaci-β-δ-dimethylpiperazin

$$\overset{1}{CH_3}.C_6H_4.\overset{2}{N} \underset{CH-CO}{\overset{CO-CH}{\diagup\diagdown}} \begin{matrix} CH_3 \\ | \\ \\ | \\ CH_3 \end{matrix} \overset{1}{N}.C_6\overset{2}{H_4}.CH_3.$$

Es wurde eine berechnete Menge von alkoholischem Kali, 40 cc, 5,6 g Kaliumhydroxyd enthaltend, in eine Lösung von 24,2 g o-Toluid in 100 cc Alkohol gegossen und ungefähr eine Stunde auf dem Wasserbade erwärmt. Nach dieser Zeit reagirte die Flüssigkeit neutral. Der entstandene Niederschlag bestand aus Bromkalium. Aus dem Filtrat von demselben schieden sich nach freiwilligem Verdunsten sehr schön ausgebildete Krystalle ab. Dieselben wurden von dem Oel getrennt und schmolzen, wiederholt in Chloroform gelöst und durch Ligroin gefällt, glatt bei 183—184°. Aus heisser alkoholischer Lösung fällte Wasser feine, glänzende Blättchen von demselben Schmelzpunkt. Dieser Körper ist in Wasser und Ligroin unlöslich; in Aether schwer löslich; in Alkohol und Chloroform löslich und soll als die Paramodification des oben formulirten Piperazins bezeichnet werden.

8) 0,1322 g Subst. gab. 0,3610 g CO_2 und 0,0843 g H_2O,
9) 0,1322 g Subst. gab. 0,3612 g CO_2 und 0,0877 g H_2O,
10) 0,2741 g Subst. gab. bei t=14° und b=761 mm 20,6 cc Stickstoff.

	Berechnet für:		Gefunden:		
			8.	9.	10.
C_{20}	240	74,53 %	74,45 %	74,49 %	—
H_{22}	22	6,83 %	7,01 %	7,36 %	—
N_2	28	8,69 %	—	—	8,81 %
O_2	32	9,95 %	—	—	—
	322	100,00 %.			

Aus den beim Umkrystallisiren des Körpers vom Schmelzpunkt 183—184° zurückgebliebenen Mutterlaugen schied sich zuletzt eine organische Substanz, in Wärzchen, vom Schmelzpunkt 155—170° aus. Das oben genannte Oel wurde mit concentrirter Salzsäure geschüttelt und stehen gelassen; es bildeten sich zwei Schichten, von denen die obere farblos, die untere braun gefärbt war. Nach dem Scheiden wurde die untere Schicht mit Aether ausgeschüttelt. Der Aether hinterliess ein schwach gefärbtes Oel. Die saure wässrige Flüssigkeit selbst wurde mit 90 procentigem Alkohol versetzt und mit Thierkohle gekocht. Aus dem Filtrate krystallisirte nach längerem Stehen ein Körper vom Schmelzpunkt 155 bis 162° in kleinen Wärzchen aus. Dieser Körper ist in allen Lösungsmitteln leichter löslich als das Parapiperazin vom Schmelzpunkt 183—184° und soll als die Antimodification bezeichnet werden.

11) 0,1378 g Subst. gab. 0,3738 g CO_2 und 0,0877 g H_2O,
12) 0,1131 g Subst. gab. 0,3050 g CO_2 und 0,0701 g H_2O,
13) 0,1535 g Subst. gab. bei t=18° und b=767 mm 11,2 cc Stickstoff.

Berechnet für:			Gefunden:		
			11.	12.	13.
C_{20}	240	74,53 %	73,96 %	73,55 %	—
H_{22}	22	6,83 %	7,07 %	6,88 %	—
N_2	28	8,69 %	—	—	8,50 %
O_2	32	9,95 %	—	—	—
	322	100,00 %.			

α-Brompropionsäureparatoluid

$$\overset{1}{CH_3}.C_6\overset{4}{H_1}.NH.CO.\underset{|}{\overset{|}{C}H}\overset{Br}{|}$$
$$CH_3$$

Das α-Brompropionsäureparatoluid wurde auf demselben Wege wie das α-Brompropionsäureanilid gewonnen. 86,4 g α-Brompropionsäurebromid, in 150 cc Chloroform gelöst, wurden in eine Lösung von 85,6 g p-Toluidin in 250 cc Chloroform eingegossen. Das Endprodukt wurde dann aus Chloroform umkrystallisirt, woraus es in glänzenden Blättchen krystallisirte, die nach dem Waschen mit Aether rein waren. Das p-Toluid hat den Schmelzpunkt 124—125° und ist in Chloroform und Alkohol leicht löslich, in Benzol und Aether wenig löslich; in Ligroin ist es unlöslich. Die Ausbeute war 90 %.

14) 0,3710 g Subst. gab. bei t=20° und b=755 mm 19 cc Stickstoff,
15) 0,3793 g Subst. gab. bei t=20° und b=755 mm 20,4 cc Stickstoff,
16) 0,2004 g Subst. erforderten 8,3 cc $^1/_{10}$ N.-Silberlösung.

Berechnet für:			Gefunden:		
			14.	15.	16.
C_{10}	120	49,60 %	—	—	—
H_{12}	12	4,96 %	—	—	—
N	14	5,78 %	5,82 %	6,05 %	—
Br	80	33,06 %	—	—	32,97 %
O	16	6,60 %	—	—	—
	242	100,00 %.			

Bei der Einwirkung von alkoholischem Kali auf das p-Toluid entstanden zwei isomere Piperazine.

Diparatolyl-α-γ-diaci-β-δ-dimethylpiperazin

$$CH_3.\overset{1}{C_6}H_4.\overset{4}{N}\begin{array}{c} CO-\overset{|}{C}H-CH_3 \\ | \\ CH-CO \\ | \\ CH_3 \end{array}\overset{1}{N}.\overset{4}{C_6}H_4.CH_3.$$

40 cc alkoholischen Kali, 5,6 g Kaliumhydroxyd enthaltend, wurden in eine Lösung von 24,2 g α-Brompropionsäureparatoluid in 100 cc Alkohol eingegossen. Nach halbstündigem Erwärmen auf dem Wasserbade zeigte die Flüssigkeit neutrale Reaction. Der entstandene Niederschlag hinterliess nach dem Behandeln mit Wasser einen organischen Körper, der getrocknet zwischen 160° und 180° schmolz. Die alkoholische Lösung hinterliess nach freiwilligem Verdunsten ein dickes Oel mit einigen Krystallen. Die Substanz vom Schmelzpunkt 160—180° wurde durch wiederholtes Umkrystallisiren aus Benzol und wenig Chloroform und durch Fällen mit Aether in die beiden Piperazine zerlegt. Das eine Piperazin, die Paramodification, hatte den Schmelzpunkt 247—248° und krystallisirte aus Benzol in langen Nadeln. Es ist in Chloroform leicht löslich, in Benzol und Alkohol wenig löslich; in Aether, Ligroin und Wasser unlöslich.

17) 0,1337 g Subst. gab. 0.3652 g CO_2 und 0,0846 g H_2O,
18) 0,1335 g Subst. gab. 0,3648 g CO_2 und 0,0819 g H_2O,
19) 0,1897 g Subst. gab. bei t=18° und b=763 mm 14,0 cc Stickstoff.

		Berechnet für:	17.	Gefunden: 18.	19.
C_{20}	240	74,53 %	74,50 %	74,52 %	—
H_{22}	22	6,83 %	7,03 %	6,80 %	—
N_2	28	8,69 %	—	—	8,55 %
O_2	32	9,95 %	—	—	—
	322	100,00 %.			

Das andere Piperazin, die Antimodification, schmolz bei 192—202° und krystallisirte in Prismen mit schiefwinkligem Querschnitt. Es ist in Chloroform leicht löslich, in Benzol, Alkohol und Aether wenig löslich, in Ligroin und Wasser unlöslich.

20) 0,1317 g Subst. gab. 0,3560 g CO_2 und 0,0830 g H_2O,
21) 0,1237 g Subst. gab. 0,3368 g CO_2 und 0,0779 g H_2O,
22) 0,1803 g Subst. gab. bei t = 19° und b = 761 mm 13,6 cc Stickstoff.

	Berechnet für:		Gefunden:		
			20.	21.	22.
C_{20}	240	74,53 %	73,70 %	74,25 %	—
H_{22}	22	6,83 %	7,00 %	6,99 %	—
N_2	28	8,69 %	—	—	8,68 %
O_2	32	9,95 %	—	—	—
	322	100,00 %.			

Die Erreichung eines scharfen Schmelzpunktes bei der Antimodification ist schwierig, wie dies auch Herr Goldblatt[1]), der die beiden oben beschriebenen Piperazine auf anderem Wege erhalten hat, beobachtete.

α-Brompropionsäure-α-naphtalid

$$C_{10}H_7 \cdot NH \cdot CO \cdot \overset{Br}{\underset{CH_3}{CH}}$$

Das α-Naphtalid wurde auf folgendem Wege dargestellt: 86,4 g α-Brompropionsäurebromid, in 200 cc Chloroform gelöst, wurden portionenweise zu einer Lösung von 114,4 g α-Naphtylamin in 600 cc Chloroform unter Eiskühlung zugesetzt. Es schied sich sofort eine krystallinische Masse aus, wobei das Reactionsgemisch vollkommen fest wurde. Das bromwasserstoffsaure α-Naph-

---

[1]) Berichte der deutschen chem. Ges. XXV, 2308.

tylamin konnte nur durch Erwärmen der Reactionsmasse mit Wasser entfernt werden. Das Chloroform wurde aus dem Wasserbade abdestillirt und aus dem Rückstand krystallisirte das Naphtalid in feinen Nädelchen, die zu Büscheln zusammengewachsen waren. Aus Alkohol umkrystallisirt und mit Aether ausgewaschen, stellte es feine, weisse, verfilzte Nadeln dar, die glatt bei 157—158° schmolzen. Der Körper ist löslich in Alkohol; schwer löslich in Chloroform, Benzol und Aether. Die Ausbeute betrug 80 %.

23) 0,2520 g Subst. gab. bei t=18° und b=749 mm 11,3 cc Stickstoff,
24) 0,2400 g Subst. gab. bei t=18° und b=754 mm 10,3 cc Stickstoff,
25) 0,3435 g Subst. erforderten 12,2 cc $^1/_{10}$ N.-Silberlösung.

		Berechnet für:	Gefunden:		
			23.	24.	25.
C_{13}	156	56,11 %	—	—	—
H_{12}	12	4,32 %	—	—	—
N	14	5,03 %	5,09 %	4,91 %	—
Br	80	28,78 %	—	—	28,41 %
O	16	5,76 %	—	—	—
	278	100,00 %.			

Bei der Einwirkung von alkoholischem Kali, 5,6 g Kaliumhydroxyd in 40 cc Alkohol gelöst, auf eine heisse Lösung von 27,8 g α-Naphtalid in 100 cc Alkohol konnte ich nur ein Piperazin, nämlich das

Di-α-naphtyl-α-γ-diaci-β-δ-dimethylpiperazin

$$C_{10}H_7 . N \underset{CH-CO}{\overset{CO-CH}{\diagup\diagdown}} N . C_{10}H_7$$
$$\begin{array}{c}CH_3\\|\\ \\|\\CH_3\end{array}$$

vom Schmelzpunkt 220—224° isoliren. Das Reactionsgemisch wurde nicht auf dem Wasserbade erwärmt, da es nach zweistündigem Stehen von selbst neutral reagirte. Die Flüssigkeit wurde von dem entstandenen Niederschlag, der vollkommen in Wasser löslich war, getrennt. Nach ungefähr sechs Monaten war die Flüssigkeit zu einer zähen, braunen Masse eingetrocknet, letztere wurde mit viel concentrirter Salzsäure behandelt und mit Chloroform ausgeschüttelt. Die Chloroformlösung hinterliess beim Eindampfen eine graubraune Masse, die allmählich erhärtete und dann bei $165-175^0$ unter Gasentwickelung schmolz. Diese Masse wurde in heissem Eisessig gelöst. Als die Lösung mit Wasser versetzt wurde, schieden sich sehr kleine, schiefwinklige Tafeln aus, welche mit Aether gewaschen den Schmelzpunkt $220-224^0$ hatten. Die Elementaranalysen ergaben die für das Piperazin berechneten Zahlen. Dasselbe ist in Alkohol und Chloroform löslich, in Benzol und Aether schwer löslich, in Ligroin und Wasser unlöslich.

26) 0,1329 g Subst. gab. 0,3845 g CO_2 und 0,0715 g H_2O,
27) 0,1341 g Subst. gab. 0,3882 g CO_2 und 0,0692 g H_2O,
28) 0,1673 g Subst. gab. bei t $= 18^0$ und b $= 766$ mm 10,2 cc Substanz.

		Berechnet für:	Gefunden:		
			26.	27.	28.
C_{26}	312	79,18 %	78,96 %	78,97 %	—
H_{22}	22	5,58 %	5,98 %	5,74 %	—
N_2	28	7,10 %	—	—	7,14 %
O_2	32	8,14 %	—	—	—
	394	100,00 %			

Als Nebenprodukte bei dieser Reaction wurden in geringer Menge noch zwei organische Körper isolirt. Der eine schmolz unter starker Zersetzung bei 207^0 bis 209^0 und war in Aether und Chloroform unlöslich. Er stellte ein weisses Pulver dar. Die Elementaranalysen ergaben folgende Zahlen:

29) 0,1322 g Subst. gab. 0,3318 g CO_2 und 0,0708 g H_2O,
30) 0,1180 g Subst. gab. bei t $= 18^0$ und b $= 762$ mm 7,6 cc Stickstoff.

Berechnet für:

			Gefunden:	
			29.	30.
C_{11}	132	69,84 %	68,41 %	—
H_{11}	11	5,82 %	5,9 %	—
N	14	7,41 %	—	7,45 %
O_2	32	16,93 %	—	—
	189	100,00 %.		

Einen gleich zusammengesetzten Körper erhielt ich bei der Einwirkung von alkoholischem Kali auf das α-Brompropionsäure-β-naphtalid. Der zweite Körper krystallisirte aus Benzol in schiefwinkeligen Tafeln und schmolz unter Gasentwicklung bei 140°; beim weiteren Erhitzen wurde er bei 150—160° wieder fest und schmolz dann zwischen 200° und 210°. Wegen ungenügender Mengen dieser Substanz musste ich von der Analyse absehen.

α-Brompropionsäure-β-naphtalid

$$C_{10}H_7 . NH . CO . \underset{\underset{CH_3}{|}}{\overset{\overset{Br}{|}}{C}}H$$

Die Darstellungsweise war dieselbe wie die des α-Brompropionsäureanilids; zur Reaction wurden 108 g α-Brompropionsäurebromid, in 150 cc Chloroform und 143 g β-Naphtylamin in 350 cc Chloroform gelöst. Das β-Naphtalid wurde dann aus Alkohol umkrystallisirt. Der Körper krystallisirt daraus in feinen, perlmutterglänzenden Nadeln vom Schmelzpunkt 173—174°. Er ist in Alkohol und Chloroform löslich, in Aether und Benzol schwer löslich, in Ligroin unlöslich. Die Ausbeute betrug 87 %.

31) 0,2638 g Subst. gab. bei t=20° und b=750 mm 11,5 cc Stickstoff.
32) 0,3521 g Subst. gab. bei t=19° und b=751 mm 15,6 cc Stickstoff,
33) 0,3215 g Subst. erforderten 11,5 cc $^1/_{10}$ N.-Silberlösung.

	Berechnet für:		Gefunden:		
			31.	32.	33.
C_{13}	156	56,11 %	—	—	—
H_{12}	12	4,32 %	—	—	—
N	14	5,03 %	4,92 %	5,03 %	—
Br	80	28,78 %	—	—	28,86 %
O	16	5,76 %	—	—	—
	278	100,00 %.			

Bei der Einwirkung von alkoholischem Kali auf das β-Naphtalid erhielt ich nur ein Piperazin vom Schmelzpunkt 268—270°.

Di-β-naphtyl-α-γ-diaci-β-δ-dimethylpiperazin

$$C_{10}H_7 . N \underset{CH-CO}{\overset{CO-CH}{\diagup\diagdown}} N . C_{10}H_7$$

mit CH$_3$-Gruppen an den CH-Positionen.

Zu einer heissen Lösung von 27,8 g β-Naphtalid in 200 cc Alkohol wurden 40 cc alkoholischen Kali, 5,6 g Kaliumhydroxyd enthaltend, zugegeben. Nach halbstündigem Erwärmen auf dem Wasserbade zeigte die Flüssigkeit neutrale Reaction und wurde darauf von dem entstandenen Niederschlag abgesogen. Dieselbe hinterliess nach langem Stehen an der Luft nur eine braune Schmiere. Der Niederschlag wurde durch Wasser vom Bromkalium befreit und so eine organische Substanz vom Schmelzpunkt 242—256° isolirt. Diese Substanz wurde wiederholt mit Chloroform und Aether ausgekocht und erwies sich dann als das genannte Piperazin. Dieses schmolz zwischen 268—270°. Aus Chloroform scheidet sich das Piperazin in kleinen Nädelchen aus. In Alkohol und Chloroform ist es schwer löslich; in Ligroin, Aether und Wasser ist es unlöslich.

34) 0,1256 g Subst. gab. 0,3615 g CO_2 und 0,0651 g H_2O,
35) 0,2230 g Subst. gab. bei t=18° und b=765 mm 13,8 cc Stickstoff
36) 0,2066 g Subst. gab. bei t=15° und b=766 mm 12,3 cc Stickstoff

		Berechnet für:	Gefunden:		
			34.	35.	36.
C_{26}	312	79,18 %	78,50 %	—	—
H_{22}	22	5,58 %	5,75 %	—	—
N_2	28	7,10 %	—	7,19 %	7,03 %
O_2	32	8,14 %	—	—	—
	394	100,00 %.			

Aus den Chloroform- und Aether-Auskochungen wurde durch Fällen mit Ligroin ein Körper vom Schmelzpunkt 191—193° isolirt. Er war in Aether und Ligroin unlöslich; in Chloroform ist er etwas löslich und bestand aus sehr feinen Nädelchen. Dieser Körper scheint isomer zu sein mit dem Nebenprodukt, welches bei dem α-Naphtalid erhalten wurde.

35) 0,1385 g Subst. gab. 0,3507 g CO_2 und 0,0749 g H_2O,
36) 0,1965 g Subst. gab. bei t=18° und b=763 mm 13,0 cc Stickstoff.

		Berechnet für:	Gefunden:	
			35.	36.
C_{10}	132	69,84 %	69,06 %	—
H_{11}	11	5,82 %	6,01 %	—
N	14	7,41 %	—	7,67 %
O_2	32	16,93 %	—	—
	189	100,00 %.		

Beim Lösen der braunen Schmiere in Benzol und Fällen mit Ligroin erhielt ich einen flockigen Niederschlag, der an der Luft verharzt. Diesen Niederschlag rasch abfiltrirt, mit Aether nachgewaschen und im Vacuum getrocknet, hinterliess einen braunen Körper vom Schmelzpunkt 150—156°. Die Menge reichte nicht zur vollständigen Analyse aus.

37) 0,2349 g Subst. gab. bei t=17° und b=765 mm 8,1 cc Stickstoff,
38) 0,3519 g Subst. gab. bei t=20° und b=763 mm 12,4 cc Stickstoff.

Gefunden:

	37.	38.
N %	4,03 %	4,05 %.

Jedoch konnte aus dem Stickstoffgehalt geschlossen werden, dass hier keinesfalls ein isomeres Piperazin vorlag.

II. Derivate des α-Bromnormalbutyryls.

α Bromnormalbuttersäureanilid

$$C_6H_5.NH.CO.\overset{Br}{\underset{|}{CH}}.$$
$$\underset{CH_2.CH_3}{}$$

Die Darstellungsweise war dieselbe wie des α-Brompropionsäureanilids. Die Mengenverhältnisse waren folgende: 115 g α-Bromnormalbuttersäurebromid in 100 cc Chloroform und 93 g Anilin in 250 cc Chloroform gelöst. Das Anilid wurde durch Umkrystallisiren aus Chloroform gereinigt und lag dann der Schmelzpunkt bei 98°; es krystallisirt in 8—10 mm langen Nadeln. Löslich ist es in Chloroform, Alkohol und Aether; in Benzol ist es ziemlich löslich; in Ligroin und Wasser ist es unlöslich. Die Ausbeute betrug 80—95 %.

39) 0,3433 g Subst. gab. bei t=20° und b=749 mm 18,7 cc Stickstoff,
40) 0,3945 g Subst. gab. bei t=19° und b=751 mm 20,8 cc Stickstoff,
41) 0,5280 g Subst. erforderten 21,6 cc $^1/_{10}$ N.-Silberlösung.

	Berechnet für:		Gefunden:		
			39.	40.	41.
C_{10}	120	49,60 %	—	—	—
H_{12}	12	4,96 %	—	—	—
N	14	5,78 %	6,14 %	5,98 %	—
Br	80	33,06 %	—	—	32,73 %
O	16	6,60 %	—	—	—
	242	100,00 %.			

Bei der Einwirkung von alkoholischem Kali auf das Anilid erhielt ich nur ein Piperazin vom Schmelzpunkt 268°. Dasselbe ist identisch mit einem der von O. Nastvogel früher aus Anilidobuttersäure gewonnenen Piperazine. Dass hier nur ein und zwar das hochschmelzende Para-Piperazin entsteht, hat seinen Grund darin, dass die Antimodification durch Erhitzen mit alkoholischem Kali in die Paramodification übergeht[1]).

α-Bromnormalbuttersäureorthotoluid

$$\overset{1}{CH_3}.C_6\overset{2}{H_4}.NH.CO.\overset{|}{\underset{|}{CH}}.\\ CH_2.CH_3$$

(Br on the CH)

Zur Darstellung des o-Toluids wurden 92 g α-Bromnormalbuttersäurebromid, in 150 cc Chloroform gelöst, portionenweise zu einer Lösung von 85,6 g o-Toluidin in 250 cc Chloroform unter Wasserkühlung zugesetzt. Es entstand sofort ein krystallinischer Niederschlag. Durch Auswaschen mit kaltem Wasser wurde das Reactionsgemisch vom bromwasserstoffsauren Toluidin befreit; dabei blieb das α-Bromnormalbuttersäure-o-toluid in der Chloroformlösung zurück. Das Chloroform wurde zum grössten Theil abdestillirt. Beim Abkühlen krystallisirte das o-Toluid aus. Der Schmelzpunkt lag bei 108—109°. Aus heissem Ligroin krystallisirt es beim langsamen Erkalten in gut ausgebildeten nadeligen Aggregaten. Es ist leicht löslich in Chloroform; in Benzol, Aether und Alkohol ist es löslich; in Ligroin ist es unlöslich. Die Ausbeute betrug 85 %.

42) 0,3396 g Subst. gab. bei t=19° und b=758 mm 17,8 cc Stickstoff,
43) 0,3450 g Subst. gab. bei t=20° und b=758 mm 17,0 cc Stickstoff,
44) 0,2012 g Subst. erforderten 7,85 cc $^1/_{10}$ N.-Silberlösung.

---

[1]) Vgl. C. A. Bischoff und N. Mintz. Berichte der deutsch. ch. Gesellschaft XXV, 2317.

Berechnet für:			Gefunden:		
			42.	43.	44.
C_{11}	132	51,56 %	—	—	—
H_{14}	14	5,47 %	—	—	—
N	14	5,47 %	6,00 %	5,59 %	—
Br	80	31,25 %	—	—	31,36 %
O	16	6,25 %	—	—	—
	256	100,00 %.			

Bei der Einwirkung von alkoholischem Kali auf das α-Bromnormalbuttersäure-o-toluid in alkoholischer Lösung entstanden zwei isomere Piperazine.

Diorthotolyl-α-γ-diaci-β-δ-diäthylpiperazin

$$CH_3 . \overset{1}{C_6} H_4 . \overset{2}{N} \underset{CH-CO}{\overset{CO-CH}{\diagup\diagdown}} \overset{2}{N} . \overset{1}{C_6} H_4 . CH_3 .$$

with CH₂—CH₃ groups on the CH positions

Zur Darstellung dieser Piperazine brachte ich zu einer heissen Lösung von 25,6 g α-Bromnormalbuttersäure-o-toluid in 100 cc Alkohol die berechnete Menge von alkoholischem Kali, 5,6 g Kaliumhydroxyd in 40 cc Alkohol, und erwärmte das Gemenge ungefähr eine halbe Stunde auf dem Wasserbade. Die Lösung war nach dieser Zeit neutral. Der entstandene Niederschlag bestand aus Bromkalium und einem organischen Körper vom Schmelzpunkt 185—214°. Das Bromkalium wurde mit Wasser ausgewaschen. Die zurückgebliebene organische Substanz, wiederholt in Chloroform gelöst und mit absolutem Aether gefällt, stellte kleine, durchsichtige, rechtwinklige Prismen dar, die den Schmelzpunkt 217 bis 218° hatten. Dieser Körper ist leicht löslich in Chloroform, löslich in Benzol und Alkohol, dagegen in Ligroin und Aether unlöslich. Er soll als die Paramodification bezeichnet werden.

45) 0,1264 g Subst. gab. 0,3490 g CO_2 und 0,0877 g H_2O,
46) 0,1315 g Subst. gab. 0,3638 g CO_2 und 0,0905 g H_2O,
47) 0,2138 g Subst. gab. bei t=15° und b=762 mm 15,3 cc Stickstoff.

	Berechnet für:		Gefunden:		
			45.	46.	47.
C_{22}	264	75,42 %	75,28 %	75,44 %	—
H_{26}	26	7,43 %	7,71 %	7,64 %	—
N_2	28	8,00 %	—	—	8,36 %
O_2	32	9,15 %	—	—	—
	350	100,00 %.			

Aus der eingeengten alkoholischen Lösung krystallisirte nach längerem Stehen eine Substanz in grossen Büscheln aus, vom Schmelzpunkt 177°. Die Krystalle wurden abgesogen und das Filtrat gab, mit viel Wasser versetzt, denselben Körper in reichlicher Menge. Nach wiederholtem Lösen dieses Körpers in Chloroform und Fällen mit Ligroin erhielt ich eine weisse, aus feinen Stäbchen bestehende Substanz vom konstanten Schmelzpunkt 178—180°. Der Körper ist leicht löslich in Chloroform, löslich in Aether, Alkohol, Benzol; unlöslich in Ligroin und ist isomer mit dem vorigen und sei desswegen als das Antipiperazin bezeichnet.

48) 0,1102 g Subst. gab. 0,3045 g CO_2 und 0,0779 g H_2O,
49) 0.1398 g Subst. gab. 0,3858 g CO_2 und 0,0950 g H_2O,
50) 0,1484 g Subst. gab. bei t=18° und b=762 mm 13 cc Stickstoff.

	Berechnet für:		Gefunden:		
			48.	49.	50.
C_{22}	264	75,42 %	75,36 %	75,25 %	—
H_{26}	26	7,43 %	7,86 %	7,55 %	—
N_2	28	8,00 %	—	—	8,14 %
O_2	32	9,15 %	—	—	—
	350	100,00 %.			

Die mit viel Wasser versetzte alkoholische Lösung liess ich an der Luft stehen. Nach ungefähr vier Monaten fand sich ein dunkelgefärbtes Oel mit wenigen Krystallen einer organischen Substanz vor. Diese Krystalle waren in Wasser, Alkohol und Aether leicht löslich und hinterliessen beim Verbrennen Asche. Zur weiteren Untersuchung war ihre Menge zu gering.

α-Bromnormalbuttersäureparatoluid

$$CH_3 . \overset{1}{C_6} H_4 \overset{2}{.} NH . CO . \overset{|}{\underset{|}{CH}}\!\!\overset{Br}{}$$
$$CH_2 . CH_3$$

Die Darstellung des p-Toluids war dieselbe, wie die des α-Brompropionsäureanilids, es wurden 92 g α-Bromnormalbuttersäurebromid, in 150 cc Chloroform gelöst, in eine Lösung von 85,6 g p-Toluidin in 300 cc eingegossen. Das p-Toluid wurde dann aus Chloroform umkrystallisirt und mit wenig Ligroin gewaschen. Aus Alkohol krystallisirt es in den Gypskrystallen ähnlichen Prismen. Das Toluid hat den Schmelzpunkt 92,5°. Es ist in Alkohol, Benzol und Chloroform leicht löslich, in Ligroin schwer löslich. Die Ausbeute war 80—85 %.

51) 0,3264 g Subst. gab. bei t=17° und b=756 mm 15,0 cc Stickstoff,
52) 0,2378 g Subst. gab. bei t=18° und b=754 mm 10,8 cc Stickstoff,
53) 0,2000 g Subst. erforderten 7,7 cc $^1/_{10}$ N.-Silberlösung.

	Berechnet für:		Gefunden:		
			51.	52.	53.
C_{11}	132	51,56 %	—	—	—
H_{14}	14	5,47 %	—	—	—
N	14	5,47 %	5,30 %	5,20 %	—
Br	80	31,25 %	—	—	30,80 %
O	16	6,25 %	—	—	—
	256	100,00 %.			

Bei der Einwirkung von alkoholischem Kali auf das p-Toluid erhielt ich zwei isomere Piperazine. Das eine hatte den Schmelzpunkt 254—256° („Para"), das andere den Schmelzpunkt 207—217° („Anti").

Diparatolyl-α-γ-diaci-β-δ-diäthylpiperazin

$$CH_3.\overset{1}{C}_6H_4.\overset{4}{N} \underset{CH-CO}{\overset{CO-CH}{<}} \overset{|}{\underset{|}{\overset{CH_2-CH_3}{>}}} N.\overset{1}{C}_6H_4.\overset{4}{CH_3}.$$

25,6 g des oben genannten p-Toluids wurden in 100 cc Alkohol gelöst und zu dieser Lösung 5,6 g Kaliumhydroxyd, in 40 cc gelöst, zugegeben. Nach halbstündigem Erwärmen auf dem Wasserbade zeigte die Flüssigkeit auf Phenolphtaleïnpapier neutrale Reaction. Der entstandene Niederschlag wurde von der Flüssigkeit getrennt. Nach freiwilligem Verdunsten hinterliess das Filtrat ein dickes Oel, in welchem sich einige Kryställchen ausgeschieden hatten. Der Niederschlag, der aus Bromkalium und aus einer organischen Substanz bestand, wurde vom Bromkalium durch Wasser befreit; der zurückgebliebene organische Körper schmolz bei 205—242°. Bei der fractionirten Krystallisation aus Alkohol und Aether erhielt ich zuerst das Parapiperazin vom Schmelzpunkt 254—256°. Es ist in Alkohol, Aether und Chloroform schwer löslich; aus Alkohol krystallisirt es in feinen Prismen.

54) 0,1878 g Subst. gab. 0,5162 g CO_2 und 0,1286 g H_2O,
55) 0,1412 g Subst. gab. 0,3900 g CO_2 und 0,0972 g H_2O,
56) 0,2005 g Subst. gab. bei t = 18° und b = 767 mm 14,0 cc Stickstoff.

Berechnet für:			Gefunden:		
			54.	55.	56.
C_{22}	264	75,42 %	75,06 %	75,32 %	—
H_{26}	26	7,43 %	7,60 %	7,64 %	—
N_2	28	8,00 %	—	—	8,13 %
O_2	32	9,15 %	—	—	—
	350	100,00 %.			

Aus den alkoholischen und ätherischen Mutterlaugen krystallisirte zuletzt in sehr kleinen, durchsichtigen Prismen die Antimodification vom Schmelzpunkt 207—217°. Sie ist in allen Lösungsmitteln leichter löslich als das hochschmelzende Isomere.

57) 0,1378 g Subst. gab. 0,3797 g CO_2 und 0,0952 g H_2O,
58) 0,1412 g Subst. gab. 0,3894 g CO_2 und 0,1004 g H_2O,
59) 0,1648 g Subst. gab. bei t = 17° und b = 766 mm 11,2 cc Stickstoff.

Berechnet für:			Gefunden:		
			57.	58.	59.
C_{22}	264	75,42 %	75,20 %	75,15 %	—
H_{26}	26	7,43 %	7,90 %	7,67 %	—
N_2	28	8,00 %	—	—	7,94 %
O_2	32	9,15 %	—	—	—
	350	100,00 %.			

Beim näheren Vergleich erwiesen sich die Piperazine identisch mit den von Herrn Piechowsky aus p-Toluidobuttersäure dargestellten[1]).

α-Bromnormalbuttersäure-α-naphtalid

$$C_{10}H_7 \cdot NH \cdot CO \cdot \underset{CH_2 \cdot CH_3}{\overset{Br}{CH}}$$

Die Darstellung war im Wesentlichen dieselbe wie die des α-Brompropionsäureanilids. Das Wegwaschen

---
[1]) Berichte d. deutsch. chem. Gesellschaft XXV, 2321.

des bromwasserstoffsauren α-Naphtylamins konnte nur unter Erwärmung des mit Wasser versetzten Reactionsgemisches geschehen. Zur Darstellung des Naphtalids nahm ich 92 g α-Bromnormalbuttersäurebromid in 150 cc Chloroform und 114,4 g α-Naphtylamin in 350 cc Chloroform gelöst. Durch Umkrystallisiren aus Chloroform erhielt ich den Körper rein. Aus Alkohol krystallisirt er in 15—20 mm langen, durchsichtigen, farblosen Nadeln vom Schmelzpunkt 150—151°. Der Körper ist schwer löslich in Alkohol; wenig löslich in Aether; in Benzol und Chloroform löslich; unlöslich in Ligroin. Die Ausbeute betrug 85 %.

60) 0,3338 g Subst. gab. bei t=21° und b=751 mm 15,0 cc Stickstoff,
61) 0,2722 g Subst. gab. bei t=18° und b=751 mm 11,4 cc Stickstoff,
62) 0,3888 g Subst. erforderten 13,1 cc $^1/_{10}$ N.-Silberlösung.

		Berechnet für:	Gefunden:		
			60.	61.	62.
C_{14}	168	57,54 %	—	—	—
H_{14}	14	4,79 %	—	—	—
N	14	4,79 %	5,05 %	4,76 %	—
Br	80	27,40 %	—	—	26,86 %
O	16	5,48 %	—	—	—
	292	100,00 %.			

Bei der Einwirkung von alkoholischem Kali auf das α-Naphtalid erhielt ich nur ein Piperazin und zwar vom Schmelzpunkt 287—289°.

Di-α-naphtyl-α-γ-diaci-β-δ-diäthylpiperazin

$$C_{10}H_7 . N \begin{matrix} CH_2 - CH_3 \\ | \\ CO - CH \\ CH - CO \\ | \\ CH_2 - CH_3 \end{matrix} N . C_{10}H_7 .$$

29,2 g α-Bromnormalbuttersäure-α-naphtalid wurden in 150 cc Alkohol heiss gelöst und zu dieser Lösung

5,6 g Kaliumhydroxyd, in 40 cc Alkohol gelöst, zugegeben. Sofort entstand ein Niederschlag und in kurzer Zeit war die Flüssigkeit neutral, wobei das Erwärmen auf dem Wasserbade nicht nöthig war. Die Lösung wurde vom Niederschlag abfiltrirt und in einer Schale stehen gelassen. Der Niederschlag hinterliess nach dem Behandeln mit Wasser einen organischen Körper vom Schmelzpunkt 275—280°. Mit Wasser zerrieben, abfiltrirt und getrocknet, dann einige Male mit Aether ausgekocht, stellte er eine weisse Substanz dar, die bei 287—289° schmolz. Diese Verbindung ist sehr schwer löslich in Alkohol, Aether und Chloroform; in Ligroin und Wasser ist sie unlöslich. Die Elementaranalysen ergaben Zahlen, die für das Dinaphtylpiperazin stimmten.

63) 0,1441 g Subst. gab. 0,4162 g CO_2 und 0,0793 g H_2O,
64) 0,1363 g Subst. gab. 0,3972 g CO_2 und 0,0735 g H_2O,
65) 0,2168 g Subst. gab. bei t = 19° und b = 766 mm 12,8 cc Stickstoff.

	Berechnet für		Gefunden:		
			63.	64.	65.
C_{28}	336	79,63 %	78,80 %	79,51 %	—
H_{26}	26	6,16 %	6,10 %	5,99 %	—
N_2	28	6,63 %	—	—	6,84 %
O_2	32	7,58 %	—	—	—
	422	100,00 %.			

Beim Stehen an der Luft ging das oben erwähnte alkoholische Filtrat nach ungefähr sieben Monaten in ein sehr dickes, braunes Oel über, in welchem einige Krystalle vom Schmelzpunkt 77—80° sich befanden. Die Krystalle wurden durch Absaugen vom Oel getrennt und in 50 procentigem Alkohol heiss gelöst; beim Erkalten krystallisirten feine, weisse Nädelchen, die glatt bei 79—80° schmolzen. Sie sind in allen Lösungsmitteln mit Ausnahme von Wasser und Ligroin leicht löslich. Nach den Elementaranalysen erwies sich der Körper als das

α-Aethoxynormalbuttersäure-α-naphtalid

$$C_{10}H_7.NH.CO.\overset{H}{\underset{|}{\underset{CH_2.CH_3}{C}}}.O.C_2H_5$$

66) 0,1010 g Subst. gab. 0,2733 g CO_2 und 0,0704 g H_2O,
67) 0,1600 g Subst. gab. bei t=18⁰ und b=753 mm 7,8 cc Stickstoff.

Berechnet für:			Gefunden:	
			66.	67.
C_{16}	192	74,72 %	73,89 %	—
H_{19}	19	7,39 %	7,8 %	—
N	14	5,45 %	—	5,57 %
O_2	32	12,44 %	—	—
	257	100,00 %.		

α-Bromnormalbuttersäure-β-naphtalid

$$C_{10}H_7.NH.CO.\overset{Br}{\underset{|}{\underset{CH_2.CH_3}{C}}}$$

Eine Lösung von 115 g α-Bromnormalbuttersäurebromid in 100 cc Chloroform wurden portionenweise in eine solche von 143 g β-Naphtylamin in 500 cc Chloroform eingegossen. Die weitere Verarbeitung war im Wesentlichen dieselbe, wie bei der Darstellung des α-Brompropionsäureanilids. Gereinigt wurde β-Naphtalid durch Umkrystallisiren aus Chloroform. Aus einem Gemisch von Aether und Alkohol krystallisirt es in feinen zusammengewachsenen Nädelchen vom Schmelzpunkt 133—134⁰. Es ist leicht löslich in Alkohol; in Aether, Benzol und Chloroform ist es löslich und in Ligroin unlöslich. Die Ausbeute war 80 %.

68) 0,3083 g Subst. gab. bei t=18⁰ und b=755 mm 13,2 cc Stickstoff,
69) 0,2588 g Subst. gab. bei t=20⁰ und b=756 mm 11,2 cc Stickstoff,
70) 0,3470 g Subst. erforderten 10,6 cc $^1/_{10}$ N.-Silberlösung.

Berechnet für:			Gefunden:		
			68.	69.	70.
C_{14}	168	57,54 %	—	—	—
H_{14}	14	4,79 %	—	—	—
N	14	4,79 %	4,91 %	4,92 %	—
Br	80	27,40 %	—	—	27,30 %
O	16	5,48 %	—	—	—
	292	100,00 %.			

Bei der Einwirkung von alkoholischem Kali auf das β-Naphtalid erhielt ich ein Piperazin vom Schmelzpunkt 304—306° („Para"). Durch Umlagerung dieses Piperazins erhielt ich die andere („Anti"-) Modification vom Schmelzpunkt 245—246°.

Di-β-naphtyl-α-γ-diaci-β-δ-diäthylpiperazin

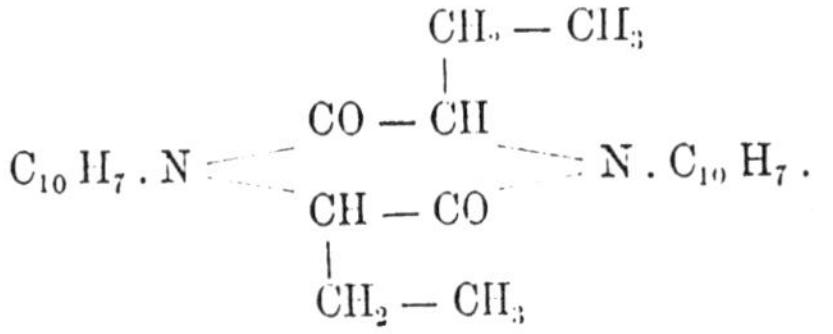

$$C_{10}H_7 . N \underset{CH-CO}{\overset{CO-CH}{\diagup\diagdown}} N . C_{10}H_7$$
with CH_3-CH_3 above and CH_2-CH_3 below

Zu dieser Darstellung wurde zu 29,2 g β-Naphtalid, in 100 cc heissem Alkohol gelöst, eine Lösung von 5,6 g Kaliumhydroxyd in 40 cc Alkohol zugegeben. Nach einstündigem Erwärmen auf dem Wasserbade reagirte die alkoholische Lösung neutral. Der entstandene Niederschlag wurde durch Absaugen von der Flüssigkeit getrennt und das Filtrat stehen gelassen. Der Niederschlag ergab nach dem Auswaschen mit Wasser eine aschenfreie, organische Substanz, die nach wiederholtem Auskochen mit Aether und Alkohol glatt bei 304—306° schmolz. Diese Substanz ist in allen Lösungsmitteln sehr schwer löslich; aus viel heissem Benzol krystallisirt sie in sehr feinen, kleinen Nadeln.

71) 0,1270 g Subst. gab. 0,3693 g CO_2 und 0,0712 g H_2O,
72) 0,1395 g Subst. gab. 0,4082 g CO_2 und 0,0803 g H_2O.
73) 0,2125 g Subst. gab. bei t=14⁰ und b=756 mm 12,7 cc Stickstoff.

	Berechnet für:		Gefunden:		
			71.	72.	73.
C_{28}	336	79,63 %	79,79 %	79,30 %	—
H_{26}	26	6,16 %	6,39 %	6,23 %	—
N_2	28	6,63 %	—	—	6,99 %
O_2	32	7,58 %	—	—	—
	422	100,00 %.			

Das oben genannte Filtrat hinterliess nach längerem Stehen ein dickes Oel und einige Krystalle vom Schmelzpunkt 80—100⁰. Durch Lösen der Krystalle in Chloroform und fractionirtes Fällen mit Ligroin erhielt ich zuletzt in der Chloroformlösung eine schwache Trübung, die sehr bald krystallisirte. Diese Krystalle wurden aus heissem Ligroin umkrystallisirt und zeigten dann den Schmelzpunkt 106—110⁰. Unter dem Mikroskop zeigten sich sehr kleine Nadeln. Dieser Körper ist in Alkohol, Aether, Benzol und Chloroform leicht löslich. Die Elementaranalysen ergaben folgende Zahlen:

74) 0,1252 g Subst. gab. 0,3507 g CO_2 und 0,0802 g H_2O,
75) 0,2617 g Subst. gab. bei t=19⁰ und b=764 mm 15,0 cc Stickstoff.

	Berechnet für:		Gefunden:	
			74.	75.
C_{30}	360	76,94 %	76,40 %	—
H_{32}	32	6,84 %	7,12 %	—
N_2	28	5,98 %	—	6,62 %
O_3	48	10,24 %	—	—
	468	100,00 %.		

Danach ist der Körper zu bezeichnen als α-Aethoxybutyryl-β-naphtalido-α-buttersäure-β-naphtalid. Die Formel kann in folgender Weise aufgelöst werden:

$$C_{10}H_7\cdot N\begin{smallmatrix}\diagup CO\text{------}CH\diagdown\\ |\quad\quad\ H\ \quad\ |\\ |\quad\quad\ |\quad\quad\ |\\ \diagdown C_2H_5\cdot O\cdot C\text{---}CO\diagup\end{smallmatrix}\overset{C_2H_5}{\underset{C_2H_5}{|}}N\cdot C_{10}H_7.$$

Umlagerung des Piperazins vom Schmelzpunkt 304—306 in das vom Schmelzpunkt 246—247°.

3 g des Piperazins vom Schmelzpunkt 304—306° wurden 12 Stunden mit einer concentrirten alkoholischen Kalilösung am Rückflusskühler auf dem Wasserbade erwärmt. Nach dieser Zeit war die Flüssigkeit klar. Der Alkohol wurde nach Zusatz von Wasser abgedampft. Das entstandene Kalisalz wurde mit Salzsäure zersetzt und die Piperazinsäure mit Aether ausgezogen. Beim Verdunsten des Aethers blieb ein dickes Oel zurück, dieses wurde im Oelbade eine Stunde auf 140—150° erhitzt, bis keine Wasserabspaltung mehr zu bemerken war. Die resultirende Masse war dabei ganz fest geworden und schmolz zwischen 195° und 260°. Dieser Substanz wurde durch Chloroform das Antipiperazin entzogen. Die dabei zurückgebliebene trockene Masse schmolz bei 300—306° und war das Parapiperazin.

76) 0,2055 g Subst. gab. bei t=15° und b=760 mm 15,0 cc Stickstoff.

		Berechnet für:	Gefunden:
			76.
C_{28}	336	79,63 %	—
H_{26}	26	6,16 %	—
N_2	28	6,63 %	6,49 %
O_2	32	7,58 %	—
	422	100,00 %.	

Das Antipiperazin wurde durch Umkrystallisiren gereinigt und schmolz dann bei 246—247°. Es krystallisirt in mikroskopisch kleinen Stäbchen. Es ist in Alkohol und Benzol schwer löslich, in Chloroform und Aceton leicht löslich; in Aether, Wasser und Ligroin ist es schwer löslich.

77) 0,1303 g Subst. gab. 0,3840 g CO_2 und 0,0777 g H_2O,
78) 0,2322 g Subst. gab. bei t=17° und b=759mm 13,0cc Stickstoff.

	Berechnet für:		Gefunden:	
			77.	78.
C_{28}	336	79,63 %	80,35 %	—
H_{26}	26	6,63 %	6,63 %	—
N_2	28	6,16 %	—	6,48 %
O_2	32	7,58 %	—	—
	422	100,00 %.		

Folgende Gleichungen illustriren den Umlagerungsprocess:

$$\text{I. } C_{10}H_7 \cdot N \underset{C_3H_6-CO}{\overset{CO-C_3H_6}{\diagup\diagdown}} N \cdot C_{10}H_7 + KOH$$

$$= C_{10}H_7 N \underset{C_3H_6-COOK}{\overset{CO-C_3H_6}{\diagup\diagdown}} \underset{H}{N} C_{10}H_7,$$

dies + HCl liefert die Säure:

$$\text{II. } C_{10}H_7 N \underset{C_3H_6-COOH}{\overset{CO-C_3H_6}{\diagup\diagdown}} \underset{H}{N} \cdot C_{10}H_7;$$

letztere zerfällt in:

$$H_2O \text{ und } C_{10}H_7 N \underset{C_3H_6-CO}{\overset{CO-C_3H_6}{\diagup\diagdown}} N \cdot C_{10}H_7.$$

III. Derivate des α-Bromisobutyryls.

Die Einwirkung von alkoholischem Kali auf die fünf α-Bromisobuttersäurederivate gab ganz andere Resultate als die von den α-Bromnormalbutter-, α-Brompropionsäurederivaten zuvor beschriebenen. Die Reactionen wurden alle in derselben Weise zu gleicher Zeit angestellt. Die alkoholischen Lösungen wurden von den entstandenen Niederschlägen, die Bromkalium waren, getrennt und an der Luft monatelang stehen gelassen, damit der Alkohol freiwillig verdunstete; es blieben dabei nur dunkle Oele zurück, bei dem α-Bromisobuttersäure-β-naphtalid und -o-toluid nur, waren unterdessen grosse Krystalle ausgeschieden, welche sich nach näherer Untersuchung als Aethoxyverbindungen erwiesen. Dieselben Reactionen wiederholte ich noch einmal, nur mit dem Unterschiede, dass die alkoholischen Lösungen im Vacuum eingeengt wurden, die Ergebnisse waren aber dieselben.

α-Bromisobuttersäureanilid

$$C_6H_5.NH.CO.\underset{\underset{CH_3}{|}}{\overset{\overset{Br}{|}}{C}}.CH_3.$$

130 g α-Bromisobuttersäurebromid wurden in 250 cc Chloroform gelöst und in eine Lösung von 105 g Anilin in 250 cc Chloroform eingegossen. Die Aufarbeitung des Anilids war im Wesentlichen dieselbe wie die des α-Brompropionsäureanilids. Gereinigt schmolz es bei 80—82,5° und wurde mit dem α-Bromisobuttersäureanilid identificirt, das früher in hiesigem Laboratorium dargestellt worden war[1]). Die Ausbeute betrug 90 %.

---

[1]) Vgl. C. A. Bischoff, Berichte der deutschen chemischen Ges. XXIV, 1045.

Zu der Einwirkung mit alkoholischem Kali wurden folgende Mengenverhältnisse genommen: 40 g α-Bromisobuttersäureanilid in 150 cc Alkohol heiss gelöst und eine Lösung von 9,25 g Kaliumhydroxyd in 80 cc Alkohol. Dieselben wurden zusammengebracht und ohne dass weiter erwärmt wurde, reagirte das Gemisch sofort neutral. Von dem entstandenen Niederschlag wurde die alkoholische Lösung abgegossen und im Vacuum in dem Wasserbade eingeengt. Das zurückgebliebene Oel wurde nach einigen Tagen krystallinisch. Diese Krystalle wurden vom noch anhaftenden Oele abgesogen und mit Essigäther extrahirt; der dabei zurückgebliebene Theil war Bromkalium. Aus dem Essigäther krystallisirte beim Verdunsten des Aethers in langen, haarfeinen Nadeln eine Substanz, die als das Kalisalz des α-Oxyisobuttersäureanilids angesehen werden kann. (K berechnet 17,9 %, gefunden 16,7 %.) Das oben erwähnte Oel wurde mit Benzol und Ligroin ausgeschüttelt, wobei die grösste Menge zurückblieb. Aus diesen Ausschüttelungen krystallisirten sehr schöne rechtwinklige Stäbchen vom Schmelzpunkt 135—136° aus, die sich als das α-Oxyisobuttersäureanilid und identisch mit dem von Herrn Hube im hiesigen Laboratorium aus α-Oxyisobuttersäure und Anilin erhaltenen Product erwiesen.

79) 0,1256 g Subst. gab. 0,3085 g CO_2 und 0,0858 g H_2O.

	Berechnet für:		Gefunden:
			79.
C_{10}	120	67,03 %	67,02 %
H_{13}	13	7,26 %	7,58 %
N	14	7,82 %	—
O_2	32	17,89 %	—
	179	100,00 %.	

Dieses Anilid ist in allen Lösungsmitteln sehr leicht löslich, nur in Wasser ist es schwer löslich.

38

Das beim Ausschütteln zurückgebliebene Oel wurde nach einigen Tagen fest. Die so erhaltenen Krystalle schmolzen vorläufig bei 57—62°. Methakrylsäureanilid[1]) war also nicht entstanden, ebensowenig ein Piperazin.

Dieser niedrig schmelzende Körper ist, nach der Analogie der Propionsäureverbindung, wahrscheinlich Aethoxyisobuttersäureanilid (N ber. 6,7 %; gef. 6,2 %).

α-Bromisobuttersäureorthotoluid

$$CH_3 . \overset{1}{C_6} H_4 . \overset{2}{NH} . CO . \underset{|}{\overset{|}{C}} . CH_3 .$$
$$ CH_3$$

92 g *α*-Bromisobuttersäurebromid, in 100 cc Chloroform gelöst, und eine Lösung von 85,6 g o-Toluidin in 250 cc Chloroform wurden unter Wasserkühlung zusammengegossen. Die weitere Verarbeitung siehe Kap. I bei *α*-Brompropionsäureanilid. Der resultirende Körper schmolz bei 63° und krystallisirte aus Chloroform in grösseren Spiessen. Das o-Toluid ist in Chloroform, Aether und Alkohol leicht löslich; in Benzol ist es löslich und in Ligroin ist es schwer löslich. Die Ausbeute war 90%.

80) 0,3594 g Subst. gab. bei t=19° und b=758 mm 17,0 cc Stickstoff,
81) 0,3455 g Subst. gab. bei t=23° und b=757 mm 18,0 cc Stickstoff,
82) 0.2000 g Subst. erforderten 7,6 cc 1/10 N.-Silberlösung.

		Berechnet für:	Gefunden:		
			80.	81.	82.
C_{11}	132	51,56 %	—	—	—
H_{14}	14	5,47 %	—	—	—
N	14	5,47 %	5,42 %	5,85 %	
Br	80	31,25 %	—	—	30,76 %
O	16	6,25 %	—	—	—
	256	100,00 %.			

[1]) Vgl. C. A. Bischoff, Berichte der deutschen chemischen Ges. XXIV, 1042.

Zu der Reaction mit alkoholischem Kali wurden folgende Verhältnisse genommen: 42 g o-Toluidin in 100 cc Alkohol heiss gelöst und eine Lösung von 9,17 g Kaliumhydroxyd in 79,5 cc Alkohol. Die alkoholische Flüssigkeit wurde von dem entstandenen Niederschlag dekantirt und im Vacuum eingeengt. Der ölige Rückstand schied in kurzer Zeit eine grössere Menge Krystalle aus; dieselben wurden vom Oel abgesogen und mit Wasser vom Bromkalium getrennt. Es blieb dabei eine Masse zurück, die in Chloroform gelöst und mit Ligroin gefällt weisse, feine, lange, zusammengewachsene Nadeln vom Schmelzpunkt 115—116° lieferte. Diese Substanz ist in Wasser und Ligroin unlöslich; in Alkohol, Aether, Chloroform und Benzol leicht löslich. Die Analysen ergaben folgende Zahlen:

83) 0,1465 g Subst. gab. 0,3982 g CO_2 und 0,1158 g H_2O,
84) 0,1272 g Subst. gab. 0,3460 g CO_2 und 0,1000 g H_2O,
85) 0,1573 g Subst. gab. bei t=19° und b=751 mm 11,2 cc Stickstoff,
86) 0,1793 g Subst. gab. bei t=18° und b=751 mm 13,0 cc Stickstoff.

Berechnet für:

das Piperazin			Isobuttersäure-o-toluid		
C_{32}	264	75,42 %	C_{11}	132	74,57 %
H_{26}	26	7,43 %	H_{15}	15	8,47 %
N_2	28	8,00 %	N	14	7,91 %
O_2	32	9,15 %	O	16	9,05 %
	350	100,00 %.		177	100,00 %.

Gefunden:

83.	84.	85.	86.
74,13 %	74,18 %	—	—
8,78 %	8,78 %	—	—
—	—	8,08 %	8,27 %
—	—	—	—

Falls der Körper wirklich Isobuttersäureorthotoluid ist, so käme für die Erklärung der Bildung in Betracht, dass Hell und Mühlhäuser auch aus Bromisobuttersäureester beim Behandeln mit Silber Isobuttersäure erhielten[1]).

Aus dem obengenannten Oel krystallisirten nach längerer Zeit grosse Spiesse vom Schmelzpunkt 57°. Diese Substanz ist in Ligroin und verdünntem Alkohol sehr schwer löslich; in Aether, Alkohol, Chloroform und Benzol leicht löslich; sie ist das α-Aethoxyisobuttersäureo-toluid:

$$CH_3 . \overset{1}{C_6H_4} . \overset{2}{NH} . CO . \underset{|}{\overset{|}{\underset{CH_3}{C}}} \overset{CH_3}{\overset{|}{-}} O . C_2H_5 .$$

87) 0,2240 g Subst. gab. bei t=17° und b=757 mm 13,3 cc Stickstoff.

	Berechnet für:		Gefunden:
			87.
C_{13}	156	70,59 %	—
H_{19}	19	8,60 %	—
N	14	6,34 %	6,85 %
O_2	32	14,47 %	—
	221	100,00 %.	

α-Bromisobuttersäureparatoluid

$$\overset{1}{CH_3} . \overset{4}{C_6H_4} . NH . CO . \underset{|}{\overset{Br}{\underset{CH_3}{\overset{|}{C}}}} . CH_3 .$$

92 g α-Bromisobuttersäurebromid wurden in 150 cc Chloroform gelöst und in eine Lösung von 85,6 g p-Toluidin in 300 cc Chloroform gegossen. Der Gang der Reaction und der Aufarbeitung war derselbe wie der des α-Brompropionsäureanilids. Das p-Toluid wurde gereinigt durch

---

[1]) Berichte der deutsch. chem. Ges. X, 2229.

41

Lösen in Alkohol und Fällen mit Wasser. Dasselbe bestand aus feinen, kleinen Prismen, die den Schmelzpunkt 89—90° hatten. Das p-Toluid ist in Benzol, Aether, Alkohol und Chloroform leicht löslich, in Ligroin ist es wenig löslich. Die Ausbeute betrug 85 %.

88) 0,3752 g Subst. gab. bei t=20° und 755 mm 17,2 cc Stickstoff,
89) 0,3305 g Subst. gab. bei t=20° und 755 mm 15,8 cc Stickstoff,
90) 0,2012 g Subst. erforderten 7,8 cc $^1/_{10}$ N.-Silberlösung.

	Berechnet für:		Gefunden:		
			88.	89.	90.
C_{11}	132	51,56 %	—	—	—
H_{14}	14	5,47 %	—	—	—
N	14	5,47 %	5,21 %	5,43 %	—
Br	80	31,25 %	—	—	30,97 %
O	16	6,25 %	—	—	—
	256	100,00 %.			

Die Einwirkung von alkoholischem Kali wurde in folgenden Mengenverhältnissen vorgenommen: 32 g p-Toluid, in 100 cc Alkohol heiss gelöst, mit 7 g Kali, in 60 cc Alkohol gelöst, versetzt. Die alkoholische Flüssigkeit wurde vom entstandenen Niederschlag getrennt und im Vacuum eingeengt. Nach längerer Zeit (2 Wochen) war die Lösung zur Hälfte mit Krystallen gefüllt; diese wurden dann abgesogen und mit kochendem Essigäther ausgewaschen wobei nur Bromkalium zurückblieb. Aus dem Essigäther krystallisirten beim Abkühlen schöne Tafeln aus. Sie waren in Alkohol, Aether und Chloroform löslich. Der Kaliumbestimmung zufolge liegt das Kaliumsalz des α-Oxyisobuttersäureparatoluids vor:

$$CH_3 . \overset{1}{C_6} H_4 . \overset{4}{NH} . CO . \underset{\underset{CH_3}{|}}{\overset{\overset{CH_3}{|}}{C}} . O . K .$$

91) 0,1162 g Subst. gab. 0,0440 g Chlorkalium.

	Berechnet für:		Gefunden:
			91.
C_{11}	132	57,15 %	—
H_{14}	14	6,06 %	—
N	14	6,06 %	—
O_2	32	13,86 %	—
K	39	16,87 %	16,15 %
	231	100,00 %.	

In dem abgesogenen Oel setzten sich nach einiger Zeit kleine Würfel ab. Durch Umkrystallisiren aus heissem Wasser erhielt ich diesen Körper in schönen glänzenden Blättchen vom Schmelzpunkt 132—137°. Er erwies sich als das

α-Oxyisobuttersäureparatoluid

$$CH_3 . C_6 H_4 . NH . CO . \overset{\overset{\displaystyle CH_3}{|}}{\underset{\underset{\displaystyle CH_3}{|}}{C}} . OH .$$

In Aether, Chloroform, Alkohol und heissem Wasser ist dasselbe löslich.

92) 0,1327 g Subst. gab. 0,3347 g CO_2 und 0,0947 g H_2O,
93) 0,1920 g Subst. gab. bei t = 18° und b = 759 mm 12,2 cc Stickstoff.

	Berechnet für:		Gefunden:	
			92.	93.
C_{11}	132	68,39 %	68,77 %	—
H_{15}	15	7,77 %	7,92 %	—
N	14	7,25 %	—	7,33 %
O_2	32	16,59 %	—	
	193	100,00 %.		

Zur Identificirung des α-Oxyisobuttersäure-p-toluids wurde folgender Versuch gemacht: 6 g p-Toluidin und 6 g Oxyisobuttersäure wurden ungefähr eine Stunde im Oelbade auf 140° erhitzt. Die Reactionsmasse erstarrte beim Herausnehmen. Diese Masse, aus heissem Wasser umkrystallisirt, gab dieselben Blättchen vom Schmelzpunkt 132—137°, wie sie oben beschrieben worden sind.

94) 0,1220 g Subst. gab. 0,3050 g CO_2 und 0,0867 g H_2O.

		Berechnet für:	Gefunden:
			94.
C_{11}	132	68,39 %	68,18 %
H_{15}	15	7,77 %	7,90 %
N	14	7,25 %	—
O_2	32	16,59 %	—
	193	100,00 %.	

α-Bromisobuttersäure-α-naphtalid

$$C_{10}H_7.NH.CO.\underset{\underset{CH_3}{|}}{\overset{\overset{Br}{|}}{C}}.CH_3.$$

92 g α-Bromisobuttersäurebromid in 150 cc Chloroform wurden zu einer Lösung von 114,4 g α-Naphtylamin in 350 cc Chloroform zugegeben. Im Wesentlichen war die Aufarbeitung dieselbe wie bei der Darstellung des α-Brompropionsäureanilids. Gereinigt wurde das α-Naphtalid durch Umkrystallisiren aus Chloroform und bestand aus feinen Nadeln vom Schmelzpunkt 115—116°. Es ist leicht löslich in Chloroform; auch in Alkohol ist es löslich; in Benzol, Aether, Ligroin ist es schwer löslich. Die Ausbeute betrug 85 %.

95) 0,3556 g Subst. gab. bei t=20⁰ und b=753 mm 15,6 cc Stickstoff,
96) 0,3368 g Subst. gab. bei t=20⁰ und b=751 mm 13,8 cc Stickstoff,
97) 0,2004 g Subst. erforderten 6,8 cc $^1/_{10}$ N.-Silberlösung.

	Berechnet für:		Gefunden:		
			95.	96.	97.
C_{14}	168	57,54 %	—	—	—
H_{14}	14	4,79 %	—	—	—
N	14	4,79 %	4,96 %	4,63 %	—
Br	80	27,40 %	—	—	27,10 %
O	16	5,48 %	—	—	—
	292	100,00 %			

Bei der Einwirkung von alkoholischem Kali erhielt ich einen Körper vom Schmelzpunkt 74—76⁰. 66,5 cc alkoholischen Kali, 7,7 Kaliumhydroxyd enthaltend, wurden zu einer heissen Lösung von 40 g des α-Naphtalids, in 100 cc Alkohol, zugegeben. Die alkoholische Lösung wurde von dem entstandenen Niederschlag (Bromkalium) getrennt und im Vacuum eingeengt. Diese eingeengte Lösung erstarrte allmählich und wurde dann durch Lösen in wenig Alkohol und Fällen mit verdünnter Salzsäure gereinigt. Der so erhaltene Körper schmolz bei 74—76⁰ und ist in Alkohol, Chloroform, Benzol und Aether leicht löslich; in Ligroin löslich und in Wasser unlöslich. Aus Alkohol krystallisirt er in länglichen Prismen. Nach den Analysen zu schliessen ist der Körper das

α-Aethoxyisobuttersäure-α-naphtalid

$$C_{10}H_7 \cdot NH \cdot CO \cdot \underset{\underset{CH_3}{|}}{\overset{\overset{CH_3}{|}}{C}} \cdot O \cdot C_2H_5 .$$

98) 0,1300 g Subst. gab. 0,3580 g CO_2 und 0,0862 g H_2O,
99) 0,2127 g Subst. gab. bei t=16⁰ und b=754 mm 10,1 cc Stickstoff.

Berechnet für: Gefunden:

			98.	99.
C_{16}	192	74,72 %	75,11 %	—
H_{19}	19	7,39 %	7,37 %	—
N	14	5,45 %	—	5,49 %
O_2	32	12,44 %	—	—
	257	100,00 %.		

α-Bromisobuttersäure-β-naphtalid

$$C_{10}H_7 . NH . CO . \overset{Br}{\underset{CH_3}{C}} . CH_3$$

115 g α-Bromisobuttersäurebromid wurden in 100 cc Chloroform gelöst und zu einer Lösung von 143 g Naphtylamin in 45 cc Chloroform zugegeben. Die Aufarbeitung siehe Kap. I (α-Brompropionsäureanilid). Der Körper schmolz bei 134—135° und krystallisirt aus Benzol in feinen Nadeln. Er ist in Chloroform, Aether und Benzol leicht löslich, sowie löslich in Alkohol, dagegen unlöslich in Ligroin. Die Ausbeute war 90 %.

100) 0,2568 g Subst. gab. bei t=18° und b=760 mm 10,4 cc Stickstoff,
101) 0,2872 g Subst. gab. bei t=19° und b=760 mm 11,6 cc Stickstoff,
102) 0,2000 g Subst. erforderten 6,8 cc $^1/_{10}$ N.-Silberlösung.

Berechnet für: Gefunden:

			100.	101.	102.
C_{14}	168	57,54 %	—	—	—
H_{14}	14	4,79 %	—	—	—
N	14	4,79 %	4,68 %	4,64 %	—
Br	80	27,40 %	—	—	27,20 %
O	16	5,48 %	—	—	—
	292	100,00 %.			

Bei der Einwirkung von alkoholischem Kali verlief die Reaction folgendermassen: Zu 50 g α-Bromisobuttersäure-β-naphtalid, in 300 cc heissem Alkohol gelöst, gab ich die berechnete Menge alkoholisches Kali (9,6 g Kali in 83,2 cc Alkohol gelöst). Nach 24 stündigem Stehen bei Zimmertemperatur zeigte die Lösung neutrale Reaction. Die alkoholische Lösung wurde dann von dem entstandenen Niederschlag getrennt und im Vacuum eingeengt. Die zurückgebliebene Lösung wurde mit Ligroin ausgekocht. Das ungelöst gebliebene Oel wurde in Chloroform gelöst und lieferte nach längerem Stehen einen krystallinischen Körper. Dieser Körper hinterliess beim Verbrennen Kaliumcarbonat in reichlicher Menge und scheint das Kaliumsalz des α-Oxyisobuttersäure-β-naphtalids zu sein.

103) 0,3079 g Subst. gab. bei t=18° und b=769 mm 13,4 cc Stickstoff.

	Berechnet für:		Gefunden:
			103.
C_{14}	168	62,92 %	—
H_{14}	14	5,24 %	—
N	14	5,24 %	5,09 %
O_2	32	11,98 %	—
K	39	14,62 %	—
	267	100,00 %.	

Aus dem Chloroformfiltrat des oben erwähnten Kaliumsalzes krystallisirte später eine Substanz vom Schmelzpunkt 130—143°aus; diese wurde abfiltrirt und durch Lösen in Chloroform und Fällen mit Ligroin gereinigt, worauf sie den Schmelzpunkt 157—159° zeigte. Aus alkoholischer Lösung mit Wasser gefällt, schied sie sich in feinen Blättchen aus. Die Substanz ist in Chloroform und Alkohol leicht löslich, in Benzol und Aether löslich, dagegen unlöslich in Ligroin und Wasser. Den Analysen nach lag das α-Oxyisobuttersäure-β-naphtalid

$$C_{10}H_7 . NH . CO . \overset{\overset{\displaystyle CH_3}{|}}{\underset{\underset{\displaystyle CH_3}{|}}{C}} . OH$$

vor.

104) 0,1190 g Subst. gab. 0,3215 g CO_2 und 0,0737 g H_2O,
105) 0,1282 g Subst. gab. 0,3435 g CO_2 und 0,0779 g H_2O,
106) 0,1663 g Subst. erforderten bei t=13° u. b=765mm 10,2cc Stickstoff.

	Berechnet für:		Gefunden:		
			104.	105.	106.
C_{14}	168	73,36 %	73,69 %	73,07 %	—
H_{15}	15	6,55 %	6,88 %	6,76 %	—
N	14	6,11 %	—	—	6,58 %
O_2	32	13,98 %	—	—	—
	229	100,00 %.			

Aus der oben genannten Ligroinlösung und Chloroformfiltrat krystallisirte nach sehr langem Stehen eine niedrigschmelzende Substanz. Aus verdünntem Alkohol umkrystallisirt, zeigte sie den Schmelzpunkt 50° und bestand aus langen, sehr breiten, dünnen Nadeln. Dieser Körper ist in allen Lösungsmitteln leicht löslich mit Ausnahme von Wasser. Die Analysen gaben Zahlen, die für α-Aethoxyisobuttersäure-β-naphtalid stimmten:

$$C_{10}H_7 . NH . CO . \overset{\overset{\displaystyle CH_3}{|}}{\underset{\underset{\underset{\underset{\displaystyle C_2H_5}{|}}{O}}{|}}{C}} . CH_3.$$

107) 0,1225 g Subst. gab. 0,3338 g CO_2 und 0,0834 g H_2O,
108) 0,1222 g Subst. gab. 0,3352 g CO_2 und 0,0813 g H_2O,
109) 0,2773 g Subst. gab. bei t=22° u. b=765mm 14,4 cc Stickstoff,
110) 0,2134 g Subst. gab. bei t=20° u. b=772mm 10,5 cc Stickstoff.

Berechnet für: Gefunden:

			107.	108.	109.	110.
C_{16}	192	74,72 %	74,36 %	74,62 %	—	—
H_{19}	19	7,39 %	7,58 %	7,39 %	—	—
N	14	5,45 %	—	—	5,90 %	5,70 %
O_2	32	12,44 %	—	—	—	—
	257	100,00 %.				

Als Nebenproduct erhielt ich bei der Aufarbeitung, einen Körper vom Schmelzpunkt 156—155°. Die Analysen gaben folgende Zahlen:

111) 0,1145 g Subst. gab. 0,3228 g CO_2 und 0,0725 g H_2O.
112) 0,1277 g Subst. gab. 0,3592 g CO_2 und 0,0795 g H_2O.
113) 0,1973 g Subst. gab. bei t=20° u. b=771 mm 11,5 cc Stickstoff.
114) 0,1670 g Subst. gab. bei t=16° u. b=753 mm 9,8 cc Stickstoff.

Berechnet für: Gefunden:

			111.	112.	113.	114.
C_{30}	360	76,94 %	76,84 %	76,71 %	—	—
H_{32}	32	6,84 %	7,03 %	6,91 %	—	—
N_2	28	5,98 %	—	—	6,77 %	6,77 %
O_3	48	10,24 %	—	—	—	—
	468	100,00 %.				

Die Formel könnte folgenderweise gedeutet werden:

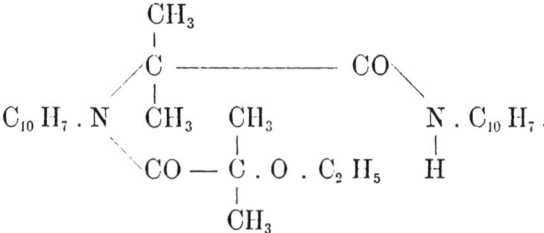

Danach wäre der Körper α-Aethoxyisobutyryl-β-naphtalido-α-isobuttersäure-β-naphtalid. (Vgl. oben die entsprechende Verbindung der Normalbuttersäure.)

Aus den mitgetheilten Versuchen geht hervor, dass die Bildung ungesättigter Derivate (Akryl-, Croton- und Methakrylproducte) in keinem Fall nachgewiesen werden konnte, dass dagegen anderen die Eingangs erwähnten Reactionen — bei den einzelnen Derivaten in quantitativ verschiedenem Verlauf — sich in der That abgespielt haben. Von besonderem Interesse ist die Piperazinbildung, da hier in der Mehrzahl der Fälle die erwarteten geometrisch-isomeren Modificationen entweder aus der Reactionsmasse direct, oder durch Umlagerung dargestellt werden konnten. Solche Piperazine sind erhalten worden aus Brompropion- und Bromnormalbuttersäure-anilid, -o- und -p-toluid, -α- und -β-naphtalid, nicht aus Bromisobuttersäureanilid etc. Aethoxyproducte konnten isolirt werden beim Brompropionsäureanilid, Bromnormalbuttersäure-α-naphtalid, beim α-Bromisobuttersäureanilid, -o-toluid, -α-naphtalid, -β-naphtalid.

Oxyderivate entstanden theilweise in der Form der Kaliumverbindungen beim Bromisobuttersäureanilid, -p-toluid und -β-naphtalid.

Eigenartige Nebenproducte lieferten das α-Brompropionsäure-α-naphtalid und -β-naphtalid. Dieselben sind isomer und besitzen nach der Analyse die Formel $C_{11} H_{11} NO_2$.

Die Bildung der Körper würde der Gleichung

$$C_{13} H_{12} NO Br + KOH + H_2O = KBr + C_2H_4O + C_{11}H_{11}NO_2$$

entsprechen. Die Abspaltung des Aldehyds hat zwar nicht nachgewiesen werden können, doch ist sie nicht unwahrscheinlich, da das Brompropionsäureamid, dessen Zersetzung mit alkoholischem Kali im hiesigen Laboratorium studirt wird, in der That Aldehyd liefert. Nach der Aufklärung dieser Reaction wird es auch möglich sein, über die Constitution der Verbindung $C_{11}H_{11}NO_2$ Aufschluss zu erhalten.

Als das wichtigste Resultat meiner Versuche aber glaube ich die Thatsache bezeichnen zu sollen, dass unter denselben Reactionsbedingungen, unter welchen die Reste der Propion- und Normalbuttersäure den Ringschluss zum Piperazincomplex eingehen, die Abkömmlinge der Isobuttersäure keinen Ringschluss gestatten, was eine neue Bestätigung für die Richtigkeit der aus der „dynamischen Hypothese von C. A. Bischoff" gezogenen Schlüsse darstellt.

MIX
Papier aus verantwortungsvollen Quellen
Paper from responsible sources
FSC® C105338

If you have any concerns about our products,
you can contact us on
ProductSafety@springernature.com

In case Publisher is established outside the EU,
the EU authorized representative is:
**Springer Nature Customer Service Center GmbH
Europaplatz 3, 69115 Heidelberg, Germany**

Printed by Libri Plureos GmbH
in Hamburg, Germany